建筑名家名作精选系列

科恩·佩德森·福克斯事务所

Kohn Pedersen Fox

[美] KPF 著
蔡松坚 译

中国建筑工业出版社

科恩·佩德森·福克斯事务所

Kohn Pedersen Fox

著作权合同登记图字：01－2003－8667 号

图书在版编目（CIP）数据

科恩·佩德森·福克斯事务所 / [美] KPF 著；蔡松坚译. —北京：中国建筑工业出版社，2005

(建筑名家名作精选系列)

ISBN 7-112-07297-2

Ⅰ.科… Ⅱ.①美…②蔡… Ⅲ.建筑设计－作品集－美国－现代 Ⅳ.TU206

中国版本图书馆 CIP 数据核字(2005)第 025038 号

Kohn Pedersen Fox / KPF
本书由西班牙 Loft 出版社正式授权我社在中国翻译、出版、发行本书中文版

责任编辑：丁洪良　戚琳琳
责任设计：孙　梅
责任校对：刘　梅　孙　爽

建筑名家名作精选系列
科恩·佩德森·福克斯事务所
[美] KPF 著
蔡松坚 译
*
中国建筑工业出版社出版、发行（北京西郊百万庄）
新　华　书　店　经　销
北京嘉泰利德制版公司制作
北京华联印刷有限公司印刷
*
开本：889 × 1194 毫米　1/32　印张：2 ½　字数：120 千字
2005 年 6 月第一版　2005 年 6 月第一次印刷
定价：25.00 元
ISBN 7-112-07297-2
(13251)

本社网址：http://www.china-abp.com.cn
网上书店：http://www.china-building.com.cn

目　录

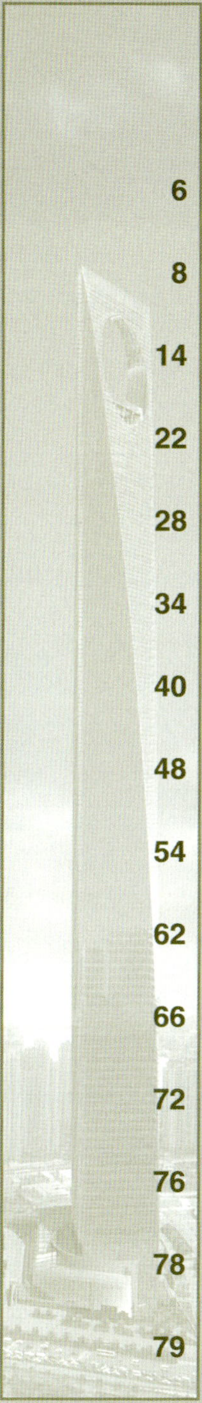

简 介

科恩 · 佩德森 · 福克斯事务所(KPF)的设计项目包括：旧城改造、公司总部、文教建筑、商业建筑、居住建筑、市政和交通基础设施等，遍及全球30多个国家。

KPF的作品被广泛地展示，举世尊崇，赢得了诸多赞誉。至今，已获得了100多项卓越奖，并成为了9个专题研究的主题。

优秀的设计是KPF事务所关注的中心课题。在执业的25年中，KPF的设计一直以对质量的追求为目标。为了达到这个目标，该事务所长期致力于研究和磨砺建筑师的工具：即形式、空间和光线；科技；材料。模型制作和计算机辅助技术方面的先进性增强了KPF在办公建筑、城市与环境设计领域的专业性。

在KPF，建筑师的一项必要的任务就是要融合一名设计师所拥有的全部新的技术。建筑师的责任就是要使建筑物的外观更完美、运作更有效，并让它们更易于适应未来的用途。KPF的设计运用了新的建造技术、革新的建筑构件和新的产品，以求能交付给业主更高效、更实用、更赏心悦目的且更具时代和地方特征的建筑物。

ersen Fox

IBM公司总部

IBM公司总部位于一片450英亩的林地之中，其设计不仅为业主表达出一个强大且活力充沛的形象，而且满足了业主复杂的运作和计划的要求。这座建筑物于1997年竣工，现已成为了IBM公司园区的中心点。它的底层部分顺应了地形和平缓坡度，使这座面积为280000平方英尺的建筑物充分地利用了基地的特点。

这座建筑物与周围环境形成了互动关系，为使用者提供了天然的采光、优美的景观和作为休闲与非正式聚会之用的露天平台。一个加长且末端逐渐变细的Z字形布局，使所有设施既适应了现有的基地条件，又符合了IBM的露天场所计划和企业文化。此外，某些封闭的区域被设置为会议室、集会地点、核心功能区和行政人员的办公室。

一个用天然石材修饰的底部将建筑物稳定在地面上，并与墙面和屋顶的不锈钢、铝和玻璃材料形成了对比与互补。架空两层的门厅，戏剧性地使用了暗绿色的花岗石、不锈钢和铜片，它的最高点是一个将天然光线引入内部空间的标志性玻璃“船首”。

位置：美国，纽约州，阿芒克(Armonk)

建造时间：1995-1997年

业主：IBM

摄影：彼得·阿伦/埃斯托(Peter Aaron/Esto)

总面积：280000平方英尺

在建筑物与茂盛的林木之间，这个项目穿插了一些户外花园来作为过渡空间，为这座综合建筑的使用者提供了在欣赏周围美丽的风景时所需要的空间。

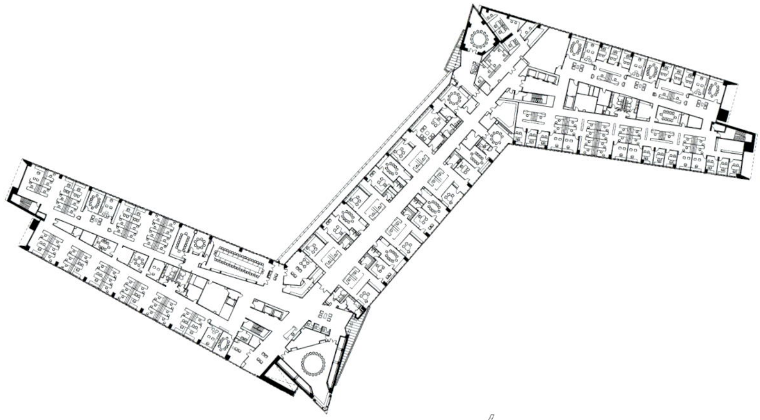

二层平面图

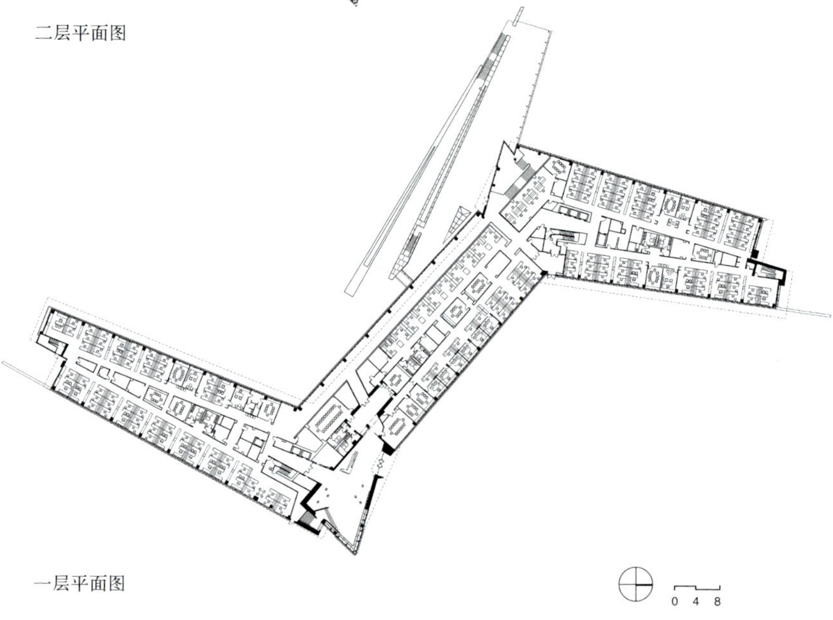

一层平面图

横向剖面图

在室内，为界定隔板、假顶棚以及家具所采用的多角处理，或为打破地板单调的饰面所采用的手法，产生了多种透视效果，从而丰富了人们对空间的感知。

甘尼特公司/美国今天公司总部

甘尼特公司/美国今天公司总部坐落在哥伦比亚特区华盛顿附近的一片30英亩的基地上。这座建筑物融合了两家相关企业的形象和身份，形成了一个特殊的识别标志。甘尼特公司需要一个灵活的高科技环境来支持其作为一家国际传媒公司的各种不同的需求，而同时又要为其员工培养出一种强烈的团队和沟通意识。

三个基本要素限定了工作计划：新闻编辑和制作区、标准办公区和共享设施。共用空间沿着这座综合建筑的入口层分布，灵活且深度大的新闻编辑和制作区被安排在架高的平台2和3中顶棚较高的位置。标准办公区位于塔楼内，以便于部门的变更和重组。总部的设计是为了通过冗余的传输信息功能和全球性卫星通讯系统来维持全天候的运作。

综合体朝向基地中央的水池，尽量地使阳光照入户外的天井和邻近的平台。数百棵树木以及数千株新栽的植物充实了基地的风景。在平台处，植树为炎热而潮湿的哥伦比亚特区天气注入了一丝阴凉的气息。员工设施包括一间食堂、一个健身房和多处休闲区域，它们高踞于周围的自然环境之上，并与之融合在一起。玻璃的各种特性不但能使建筑物柔和地反映出周围的天然美景，而且能充分体现出这是一个开放而活跃的团队。

位置：美国，弗吉尼亚州，麦克莱恩(McLean)
建造时间：1997-2001年
业主：海因斯(Hines)，甘尼特公司/美国今天公司总部
摄影：蒂莫西·赫斯利(Timothy Hursley)和KPF
总面积：700000平方英尺

GANNETT
USA
TODAY

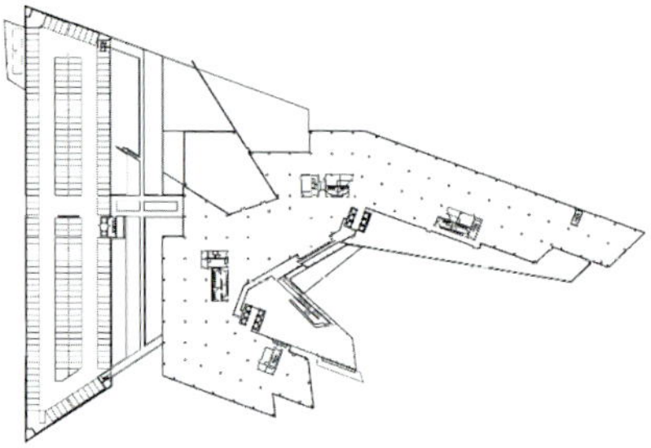

标准层平面图

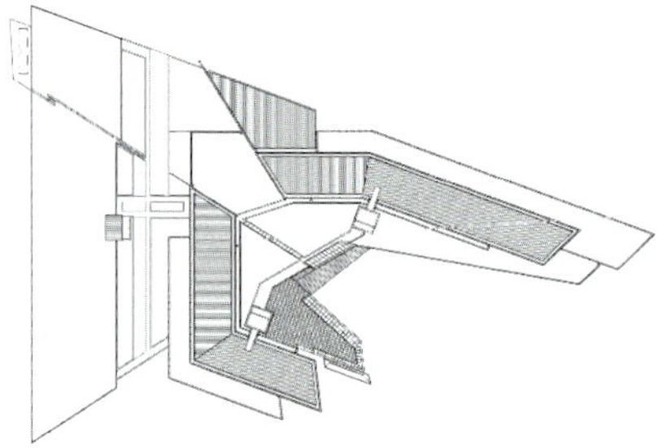

屋顶层平面图

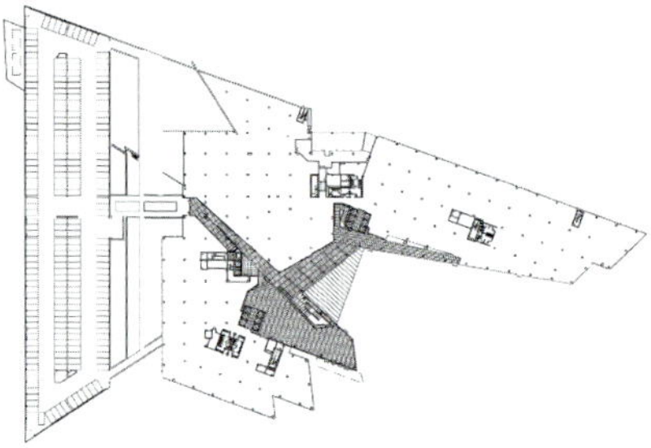

一层平面图

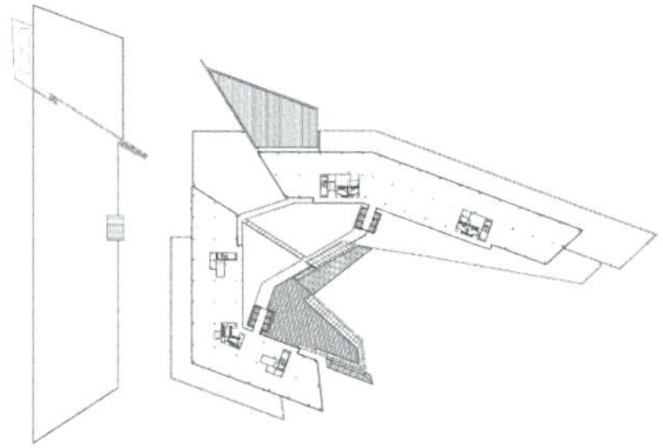

三层平面图

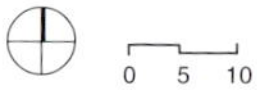

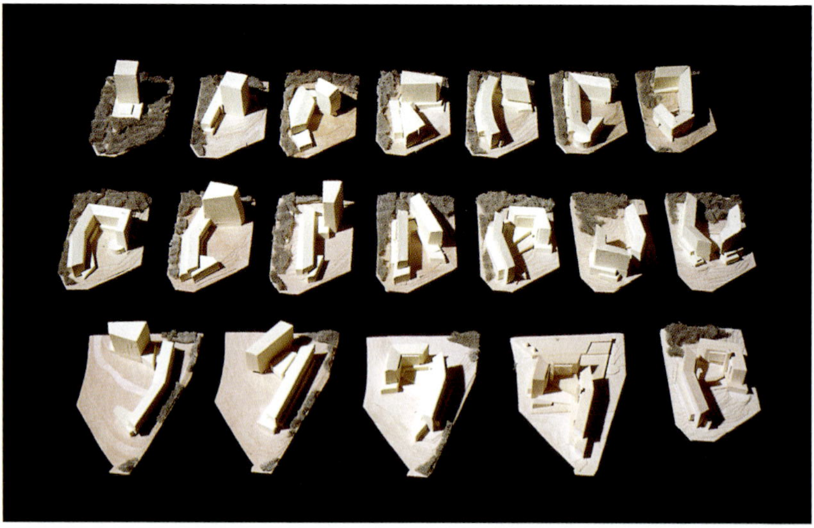

立面通透的前庭、门廊以及其他流通区域强调了团队概念。人在建筑内部的动态清晰可见，从而拉近了工作人员与来访者之间的距离，反之亦然。

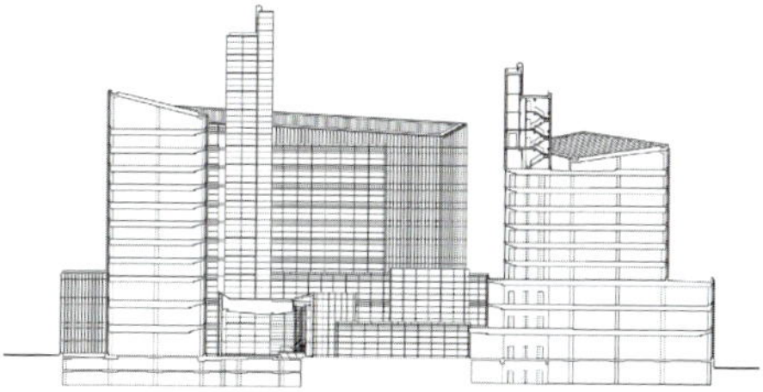

横向剖面图

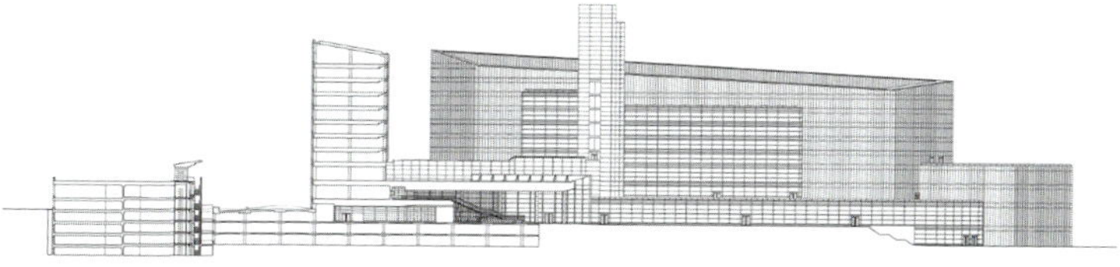

纵向剖面图

0 5 10

GANNETT

巴鲁克学院综合建筑

这座中等高度的综合建筑位于曼哈顿格拉默西公园附近，是纽约大学巴鲁克学院的所在地。它将巴鲁克总校区面积40%的空间纳入了建筑物之中，为这所学院创造了一个革新的城市校园环境。

综合体朝向东24街和25街之间的莱克辛顿大道（Lexington Avenue），由五大部分组成：商学院、艺术与科学学院、学生中心、表演艺术中心以及运动休闲区。在对角线上的一系列4层高的中庭，构成了每一个功能区的“四方形校园”。所有学院的教室、办公室和实验室都分布在中庭的四周，构成了一个独特的形象。中庭之间的重叠促进了交叉学科的交流。另一个3层高的中庭带动了下方的表演艺术中心和运动休闲区。

通过独特且富于表现力的外观，这座建筑物为巴鲁克学院营造了一份动感。这种形式遵循了纽约市分区制的有关规定，产生出具有特色的弧形建筑物。覆盖在建筑表面上的各种材料，表现出形式包裹之下的学院的自身特点。在莱克辛顿大道边上突出的前端、反光玻璃和彩色铝幕墙成为办公室的外壳，而波纹铝和带形窗把教室包封起来。贯穿整座建筑物的中庭，以4层高的巨型落地窗作为起点和终点，自然光线便由此洒向大楼的中心区域。

位置：美国，纽约州，纽约
建造时间：1995-2001年
业主：巴鲁克学院
摄影：迈克尔·莫兰（Michael Moran）
总面积：750000平方英尺

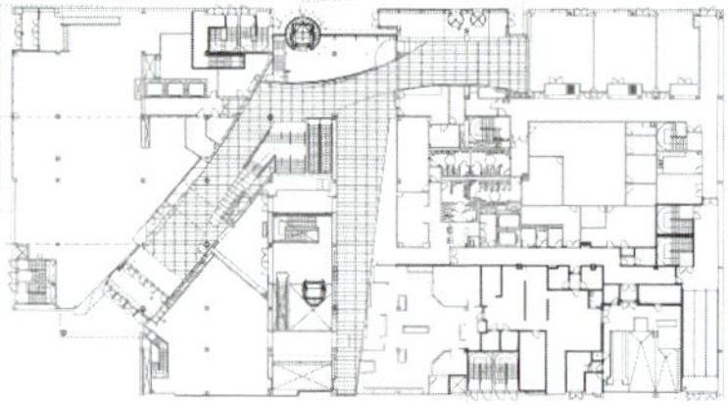

一层平面图

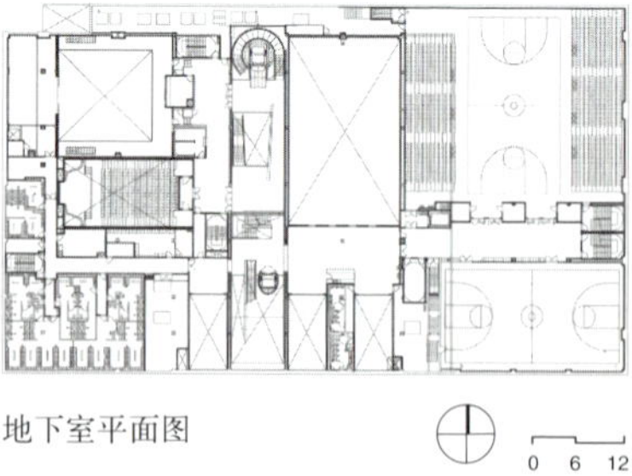

地下室平面图

设计草图

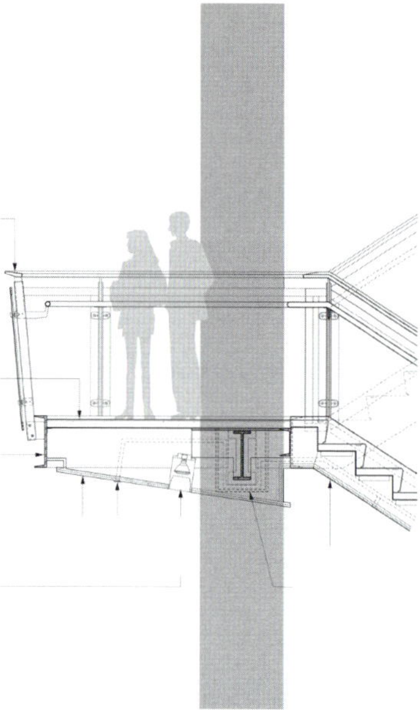

细部

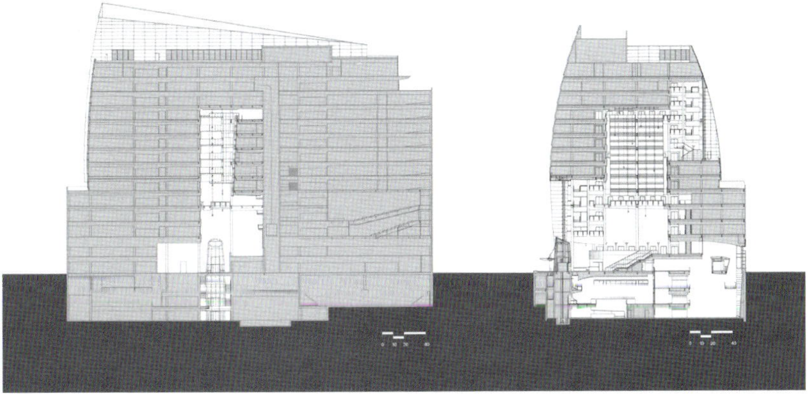

纵向剖面图　　横向剖面图

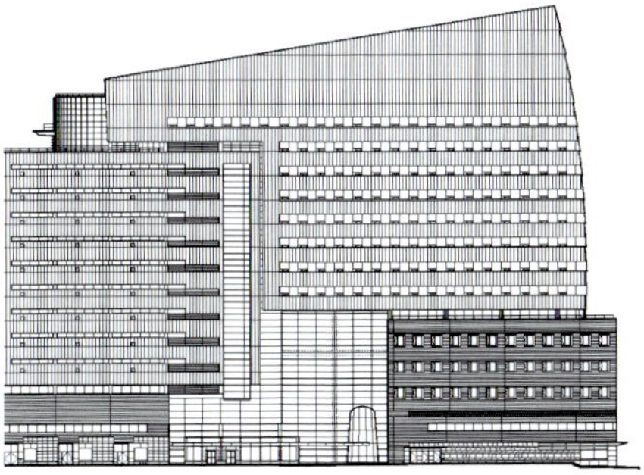

南立面图

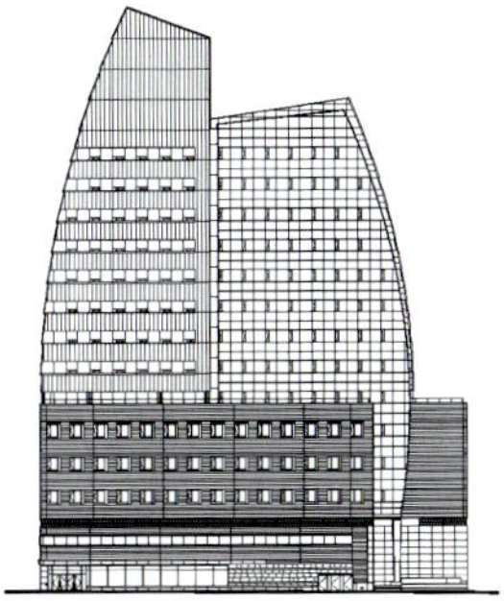

西立面图

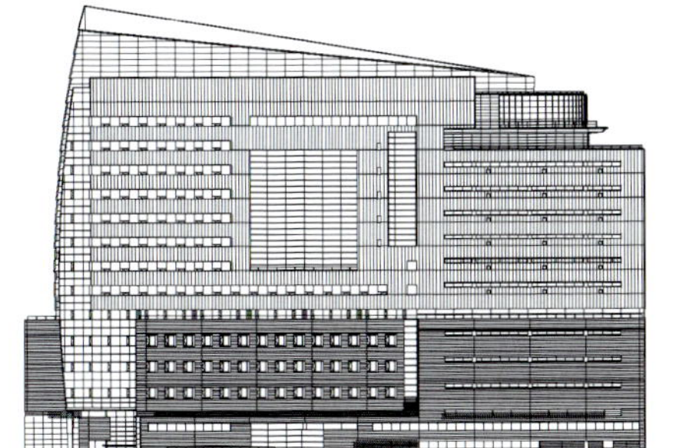

北立面图

0　3　6

上海环球金融中心

合作者：莫里建筑师与工程师事务所(Mori Building Architects and Engineers)

位置：中国，上海

建造时间：1994-2007 年

业主：莫里建筑公司

摄影：乔克 · 波特尔(Jock Pottle)

总面积：3408600 平方英尺

上海环球金融中心将于2007年竣工，它将是世界上最高的建筑物。这个项目位于浦东陆家嘴金融贸易区的一个重要地段——一个为国际金融界和商业机构指定的亚洲中心。陆家嘴的快速发展已衍生了分离性的城市肌理，这座高楼的设计正是对此作出的一个简单且独树一帜的回应。

环球金融中心拔地而起，高95层，由两个简明的形体组成：一座造型塔楼和一座底层。设计暗示出中国人“天圆地方”的概念，这两个几何形状的关系构成了大楼独特的外观。它结合了富有内涵的中国建筑传统，象征性地与周围的环境和显赫的基地联系在一起。

塔楼的形状简单利落——两个巨大的弧形在一个四方棱柱上交叉，往上逐渐收缩，最后在顶端合成一根线。这种逐步的变化形成了大小不一的楼层平面和尺寸，底层成为了合适的办公空间，而高层则变成了理想的酒店套房。楼层平面不仅有着规则的变形，而且也转动了塔楼的朝向，使之面对浦东最高耸的地标——东方明珠电视塔。在建筑物的顶端挖出一个50米的空心圆柱，这不但能疏解高楼顶的风压，而且使建筑物与电视塔的球体形成联系。

底层被墙、侧翼和圆锥形建筑物所支配，它们既构成了人体尺度，同时也是对塔楼基本形状的一种补充。

PHILIPS

TECO 东元集团

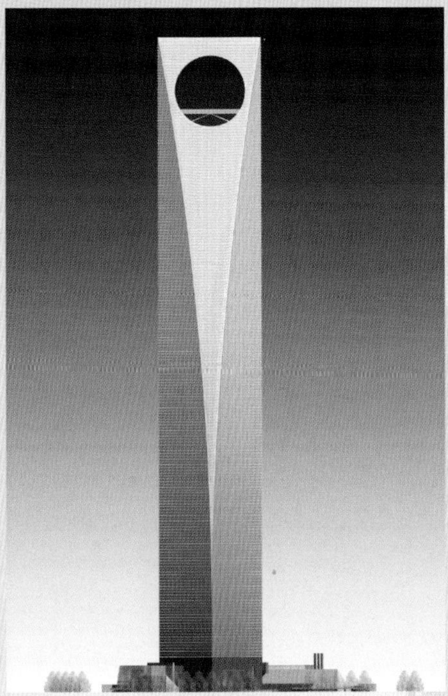

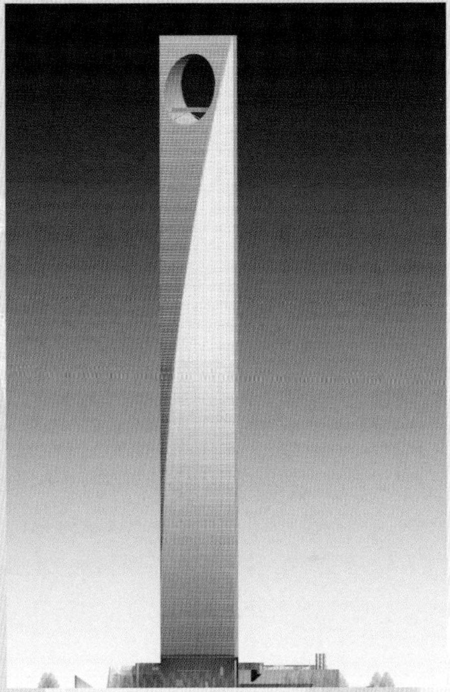

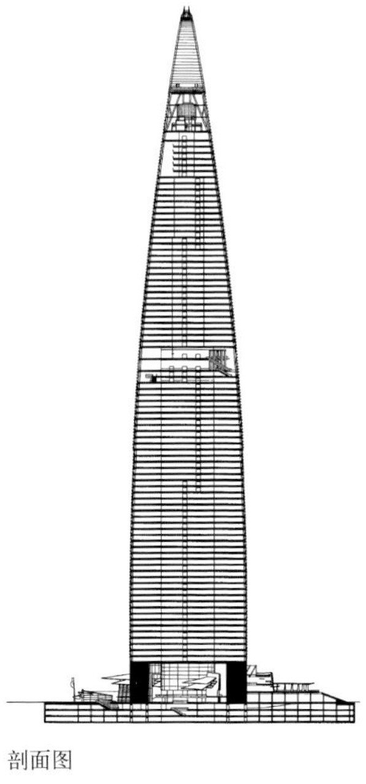

剖面图

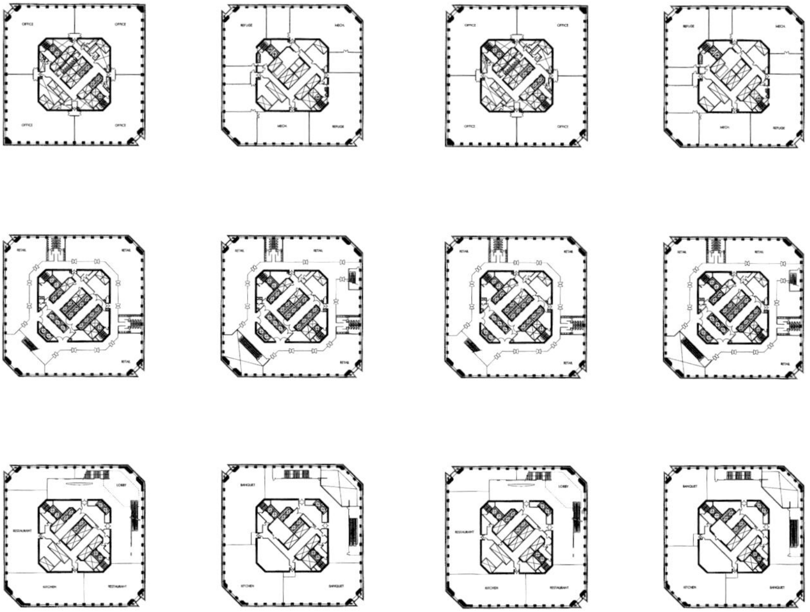

办公室平面图

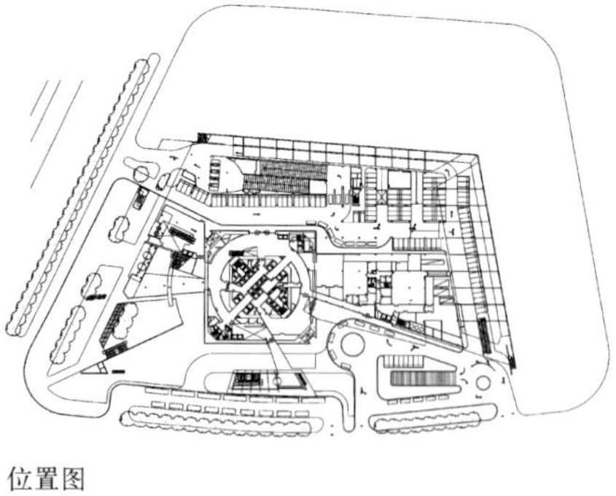

位置图

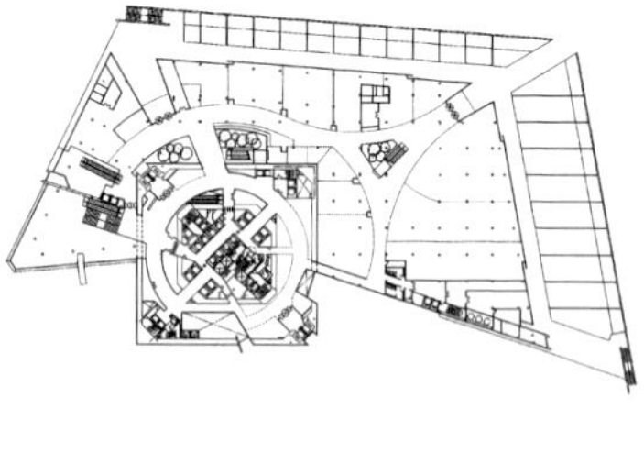

夹层楼面平面图

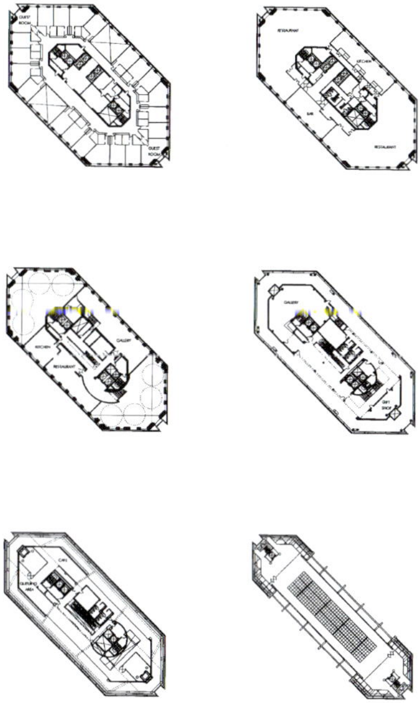

酒店平面图

随着建筑物在高度上的变化，所有楼层的形式也相继发生了变化，从而形成了各不相同的规模。这种布局具有很强的灵活性，适合各种不同的活动。

九龙车站大厦

这座108层的大厦位于西九龙填海工程项目的中心点，与香港市中心维多利亚港相望。此发展计划不仅作为连接香港与赤腊角机场的交通枢纽，而且将被打造成一个包括办公区、酒店、住宅、零售商店和休闲用途的都市中心。

工作计划相当复杂。大厦包括面积为270万平方英尺的办公空间和一所拥有300间客房的豪华酒店。办公楼层设有中央核心，以便尽可能地利用天然采光，并为用户提供最优化的空间。酒店的房间位于大厦的顶层，最高点是一间餐厅和一个观景平台。九龙车站本身就是一座纵立的城市，2008年竣工时它将是世界上最高的建筑物之一。

此设计方案从竞标中获胜，成功地结合了高楼的建筑外形、复杂的工作指令以及高效的结构设计。这座正方形大厦的凹角向上渐渐地收缩，映着蓝天形成了一个优美的轮廓，而它的底部却逐渐地向外展开。大厦的墙体在底层像用剪刀切割开来一样，呈裂开状，形成了带有斜面的遮盖和一个富有戏剧性的中庭。作为对西九龙其他发展项目的一种善意的表示，这个中庭为零售商店和火车站的功能区提供了公共联系的空间。建筑物的底部如同生根入地一般，而主体却优美地向上升起，终止成一朵精致的花状皇冠。在白天，这顶透明的皇冠会溶解在天空的背景里，而在夜晚，整座建筑物则形如一个光彩夺目的灯塔。

大厦外形的简洁线条掩饰了其复杂的玻璃和金属外壳系统。每一块墙板都相当于一层楼的高度，就整体而言，其丰富的纹理分解了大厦庞大的体量，并柔和地映出蓝天，在外观上给大厦带来了一种轻盈的感觉。

合作者：王欧阳(Wong & Ouygang)
位置：中国，香港
建造时间：2000-2008年
业主：新鸿基地产
摄影：乔克·波特尔和KPF
效果图绘制：AMD、乔波德（Geopod）和迪博克斯（dbox）
总面积：3200000平方英尺

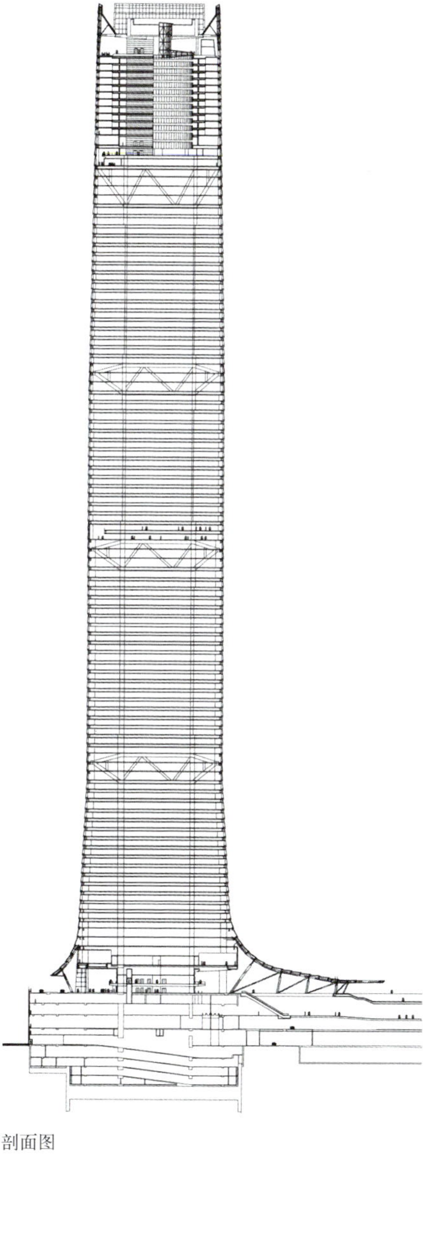

剖面图

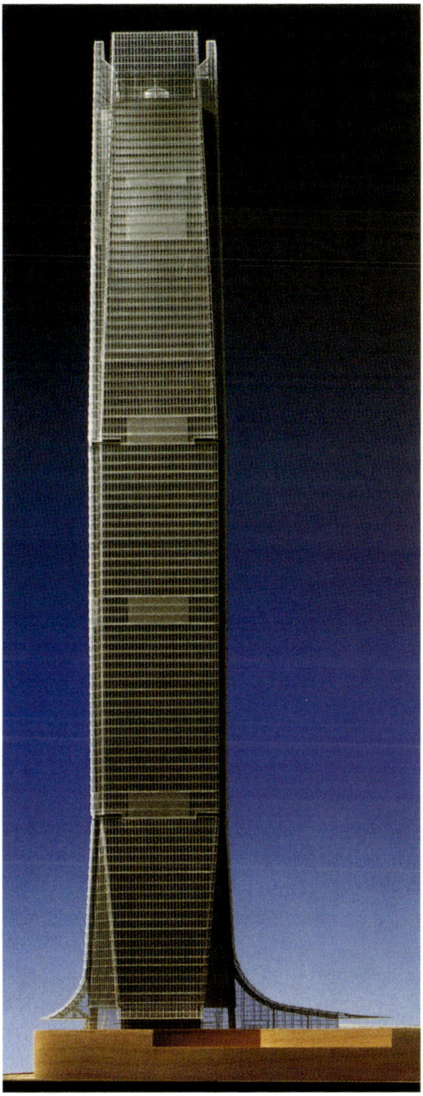

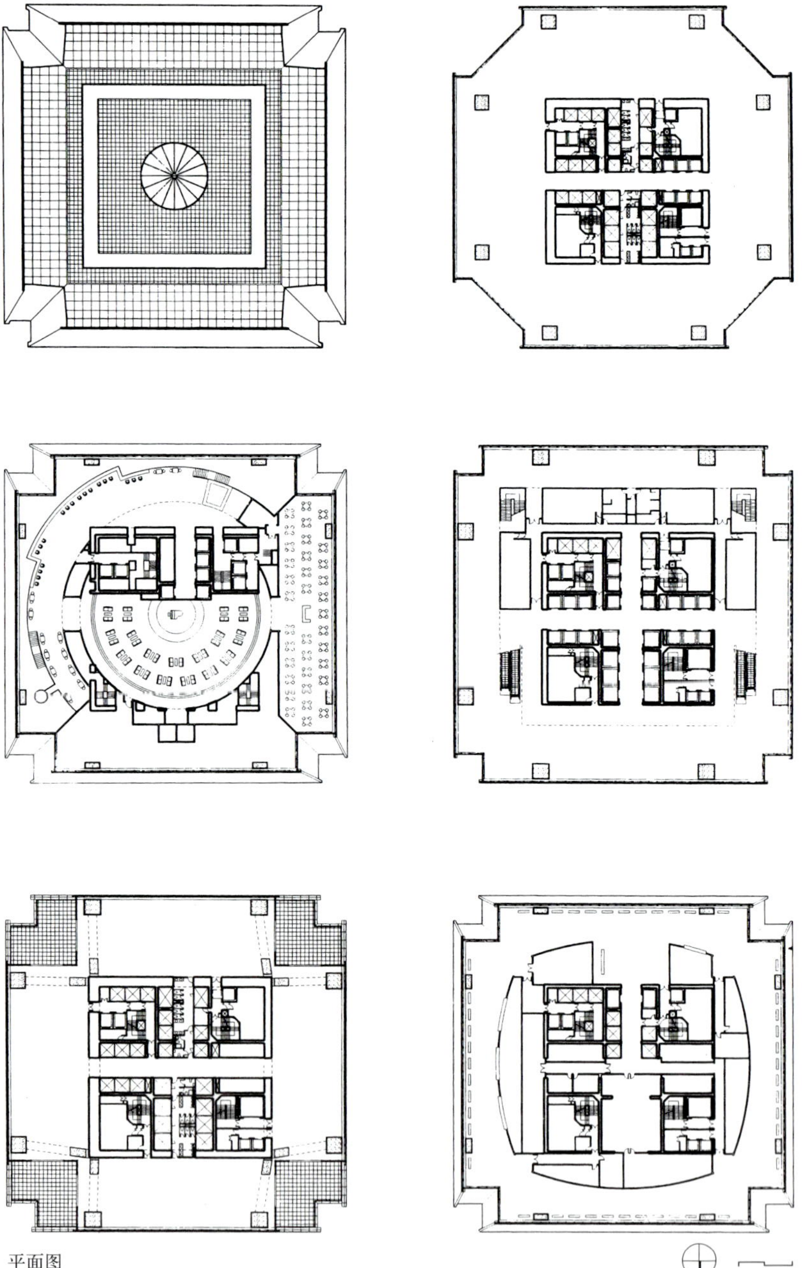

平面图

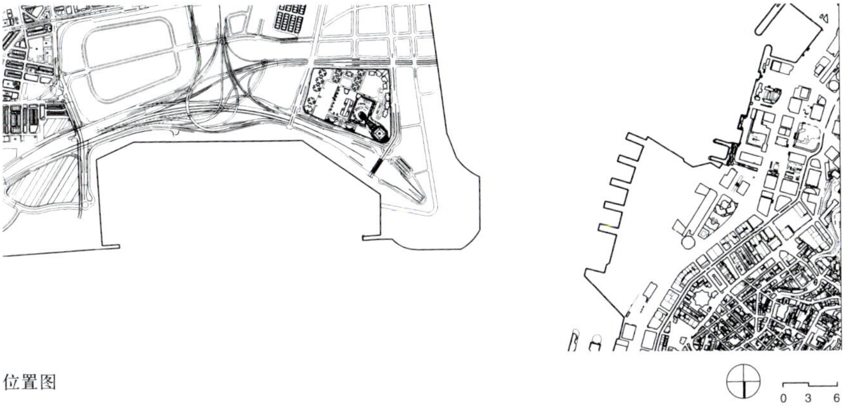

位置图

The Rothermere American Institute

罗瑟米尔美国研究所

位置：英国，英格兰，牛津
建造时间：2001年
业主：牛津大学
摄影：彼得·库克（Peter Cook）和E·G·埃施（E.G. Esch）
总面积：26800平方英尺

罗瑟米尔美国研究所于2001年竣工，曾被英国媒体描述为牛津最漂亮的现代建筑物之一。它位于历史城市中心北部的绿化地带，毗连于与美国有着密切关系的罗兹社和依然保留着19世纪综合建筑风格的曼斯菲尔德学院。

这座建筑物扩展了牛津大学在美国研究方面的资源，它的中心点是一间2层高的阅览室，沐浴在天然光线之中。通过国际设计竞标，KPF获得了该研究所的委托。在繁茂的景观花园里，研究所是一个独立式的建筑体。它的设计语言完全是现代的，但同时也兼顾了自身的历史性环境因素——以无饰面的混凝土和天然巴斯石构成框架，以精细加工的钢材和玻璃作为平衡元素。

在这个2层高的阅览室中，楼座和单独研究室俯视下方的空间。而引人注目的南立面上装有百叶窗板，这就使人不仅在阅览室里，而且在主要楼层下面的课室里也能够欣赏到花园的美景。这些多孔玻璃百叶窗板可以控制太阳能的吸收，以便降低机械通风的要求。夜间制冷利用了建筑结构的热能堆和安装在花园地下的接地热能交换系统，从而最大限度地节省了能源开支。

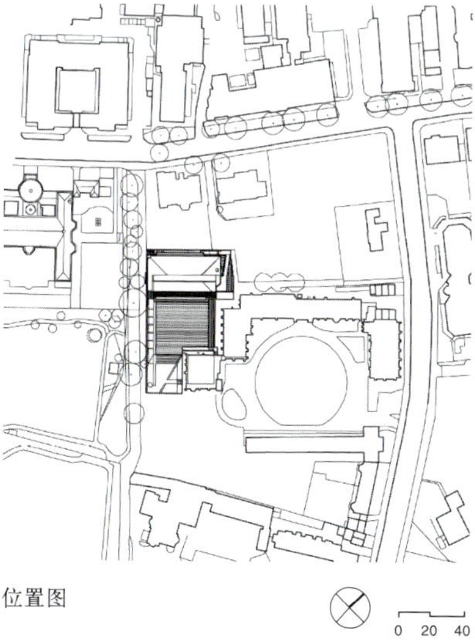

位置图

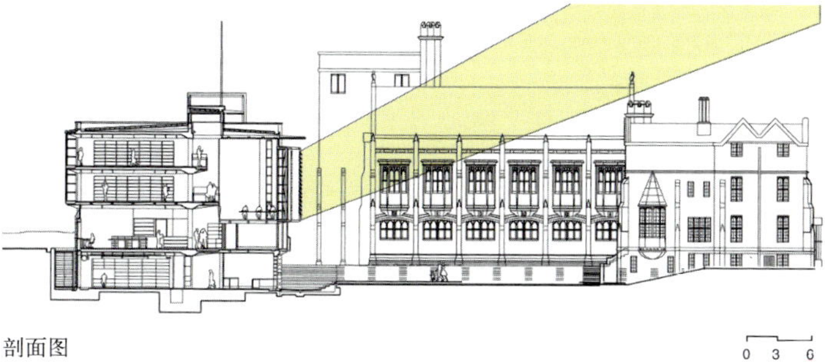

剖面图

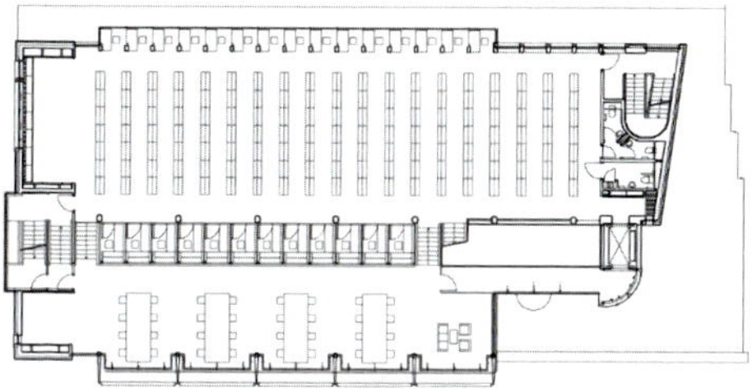

三层平面图

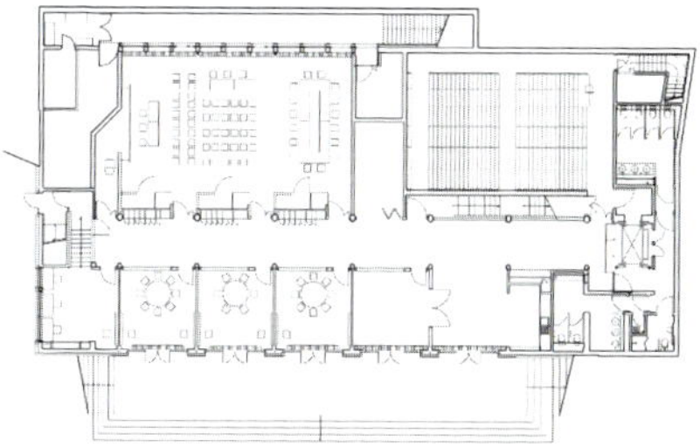

二层平面图

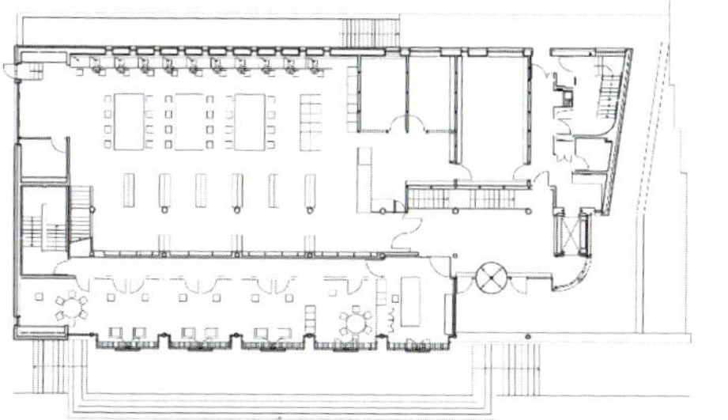

一层平面图

荷兰南荷兰省政府办公大楼

这座省政府办公大楼既是对政府性质强有力的表述，也是在工作场所设计和环境的可持续性方面的一种进步的举措。

这项工程在一个国际竞标中获胜，它包括翻新现有的20世纪60年代的建筑物和建造两座新楼。一个主要的新公共空间将这两种类型的建筑物连接了起来。

新建筑以一个大胆的弧线外形来回应它们所占据的拐角处地段，并用砖砌成带状来作为饰面，以引起人们对威廉·马里纳斯·杜多克（Willem Marinus Dudok）和阿姆斯特丹建筑学派的罗曼蒂克现代传统的回忆。浅薄的波纹板使天然光线得以深入建筑物的内部，而立面则具有高度隔热的性能，并装有可开关的窗户，以便于用户自行调节他们的工作条件。在室内，作为建筑物能源使用策略的一部分，裸露的混凝土楼板利用了它的热能堆。大楼背面朝向新的广场，它主要使用了不锈钢镶板来密封。

广场高于周围的路面，其表面处理采用了硬性和软性景观相混合的形式。广场北面，一道瀑布成为噪声的缓冲带。这片空间与这些建筑物一起，形成了一个极受欢迎的社区环境，将政府综合建筑的形象从一个僵硬而无法进入的禁地转变成为一个属于公众的、并具有真正民主特征的实体。

位置：荷兰，海牙
建造时间：1998年
业主：南荷兰省(The Province of South Holland)
摄影：克里斯琴·里克特斯（Christian Richters）和E·G·埃施
总面积：258000平方英尺（新建建筑）
215000平方英尺（翻新建筑）

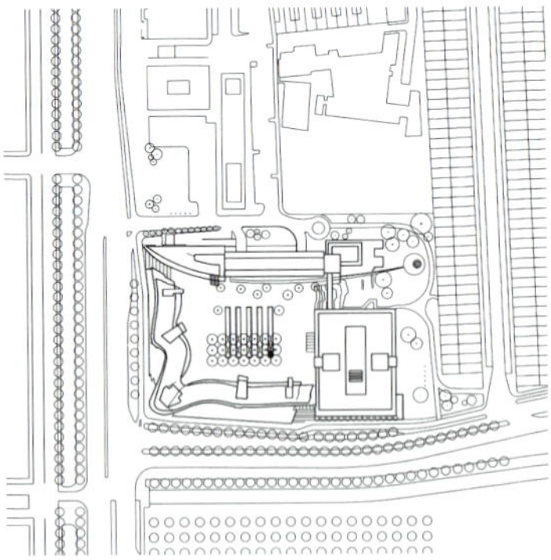

位置图

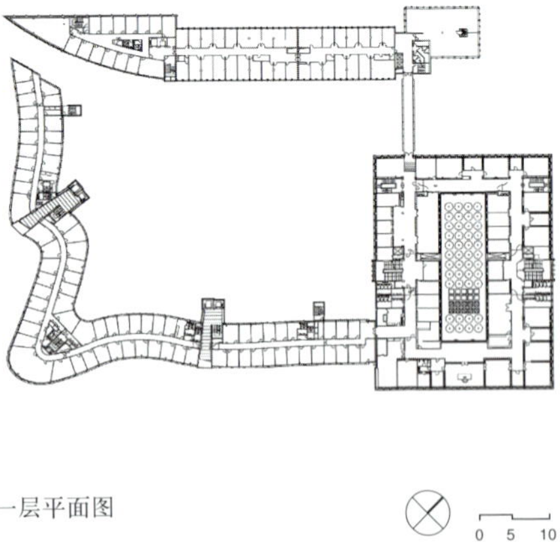

一层平面图

虽然建筑物的体量庞大，在那里所从事的活动又属于官方性质，KPF却成功地创造出一个温暖而舒适的环境，让它更贴近用户。建筑物的外形和所采用的材料都有助于消除整体上的庞大之感。

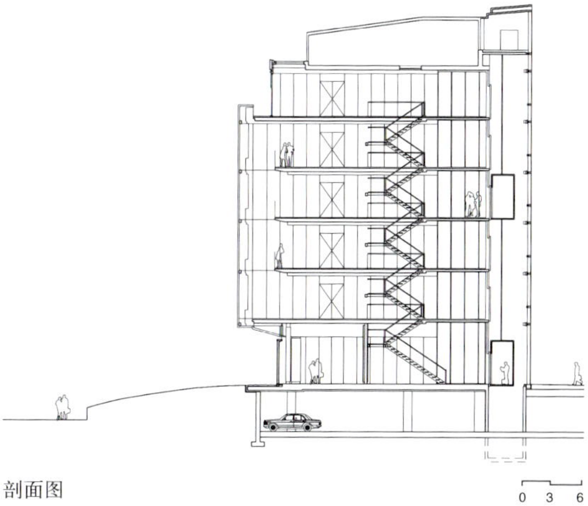

剖面图

阿姆斯特丹世界贸易中心的修缮与扩充

位置：荷兰，阿姆斯特丹

建造时间：1999-2002 年

业主：ING · 瓦斯特戈德（ING Vastgoed）、坎特兰 · 方德荷兰管理公司（Kantoren Fonds Nederland Management）

摄影：埃蒙 · 奥马霍尼（Eammon O'Mahoney）、E · G · 埃施和斯雅克 · 汉塞曼斯（Sjaak Henselmans）

总面积：968400 平方英尺

这个世界贸易中心项目涉及了当代欧洲城市的诸多主要问题。第二次世界大战以后，大多数发展项目现都被认为不仅在功能上存在缺陷，而且并不利于传统的城市价值观。因此，这些项目的未来就成为了最迫切的问题之一。

就某些方面而言，阿姆斯特丹世界贸易中心就是这类发展项目的典型例子。在 20 世纪上半叶，阿姆斯特丹南区按照 H · P · 伯拉奇（H.P.Berlage）的总体规划，稳步发展成为一个由街道、主路和广场组成的、有着正规次序布局的区域。第二次世界大战以后，当商业发展采取国际潮流的形式时，这种次序就不适宜了。阿姆斯特丹世界贸易中心具有这种代表性：四片办公区用较低的建筑物和露天的庭院连接起来，后者实际上是昏暗而阴湿的空间，利用率很低。北面和东面的高速公路使这个发展区域从城市中孤立出来，而南面的高架火车轨道又将它封闭起来。因此该贸易中心只能提供一个劣质的工作环境，似乎与城市大部分的生活脱节了。

该项目的提升和扩充的总体规划任务说明书中规定，现有的多租户办公楼在工程期间中仍需继续使用，但要翻新外壳并将它提升到符合现今环境和运作标准的要求——过去安装的有色玻璃使室内昏暗，让人无法观赏到外面的景色；在原有的综合建筑之外增建一座 105 米高的新塔楼，以提供 45000 平方米的新办公空间，从而使原有的规模翻了一番。

如何重新塑造办公楼周围的空间被视为此解决方案的关键。因为这个贸易中心的用途一旦被扩展后，它将不仅给建筑物的用户，同时也给更广泛的大众提供设施（商店、咖啡馆、餐厅和一个会议中心）。KPF 的策略是拉开一个仿如一股“巨浪”的庞大的新顶棚，以 300 米的长度从基地的一边延伸到另一边，创造出一个亲切的、天然通风的（无供暖的）、有遮盖的公众空间。这个顶棚是经过向巴特尔 · 麦卡锡(Battle McCarthy)咨询后才建造的，它基本上是一个不需依靠支柱的结构。虽然围绕在那些办公楼的周围，但在结构上它却依然是独立的。

建筑物的外壳，包括立面和屋顶，采用了一个有孔的系统。这些孔促进了建筑物的自然通风，从而把对空调的需求降到最低。

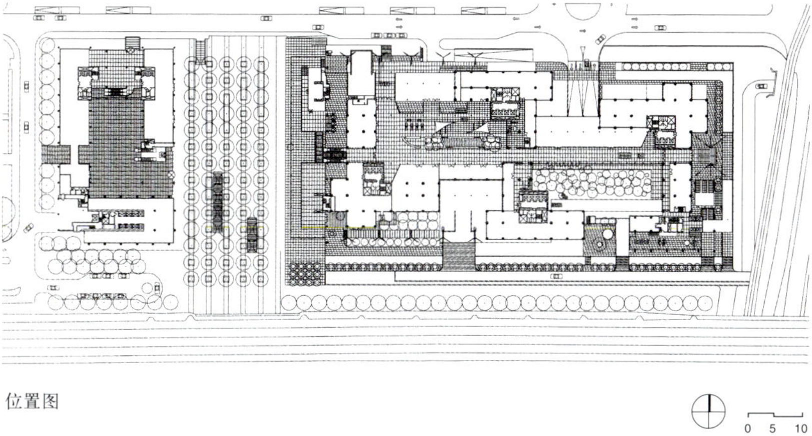

位置图

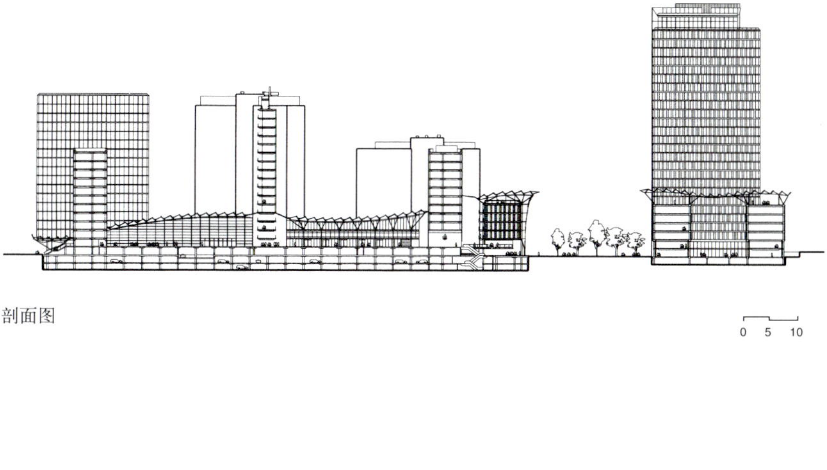

剖面图

Parking
Conference Center

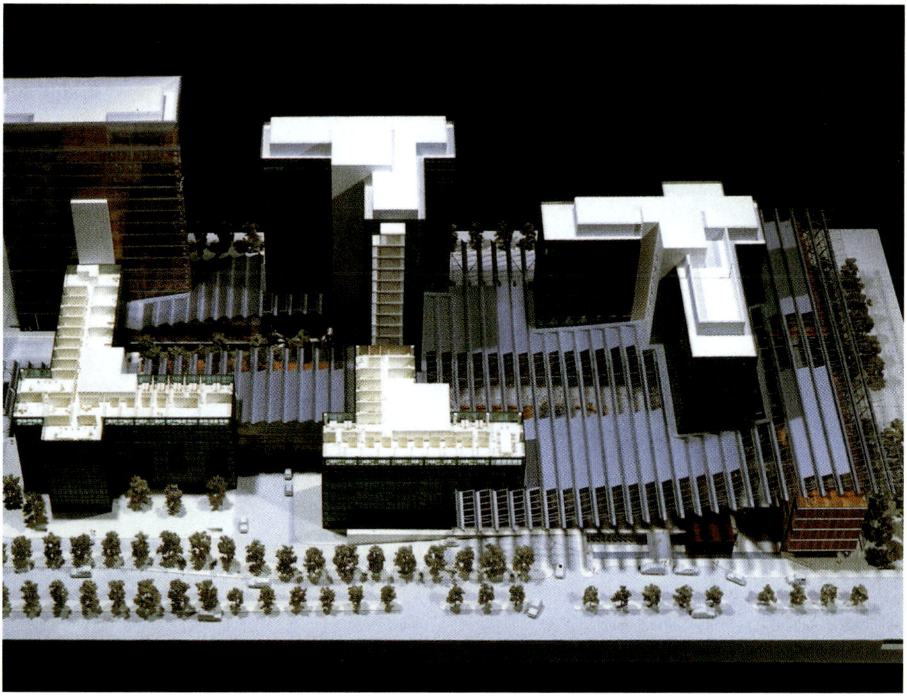

恩迪萨公司总部

恩迪萨公司总部位于马德里边缘的一片新兴的工业和商业地带中。KPF 为该公司总部的设计方案是一项国际竞标的获奖作品。这座建筑显示出对低能源设计、可持续的建筑设施以及如何创造出一个更有效且更具有互动性的工作环境所做出的努力，它已于 2003 年竣工。

这些对实际工作和环境方面的考虑以及解决方案被集合在一个大屋顶之下——一个具有多功能特点的“第五立面”。这个屋顶担当着一个社交空间、环境缓冲区和建筑物运行肺脏的角色，它不仅把废气排出，同时也吸进新鲜的空气。马德里的气候允许用夜间的制冷来抵消夏天的炎热，而百叶窗板和遮阳装置不但使这个公共中庭保持在舒适的温度里，而且让自然光线得以均匀地渗透整个空间。安装在屋顶上的光电设备满足了建筑物对能源的部分需求。

办公室被安排在一系列 18 米深的长方体结构中。地面上设有 5 层办公室，停车场则设在 2 层的地库里。建筑物的立面是为了解决马德里气候方面的压力而专门设计的，它把强烈而刺眼的阳光转向，并减少对太阳能的吸收。整个项目把在北欧更为常见的环境方面处理方式与有遮盖的地中海式庭院结合起来。

位置：西班牙，马德里
建造时间：1999-2003 年
业主：格罗波 · 恩迪萨 (Grupo Endesa)
摄影：E · G · 埃施
总面积：86000 平方英尺

大型金属管把空气从屋顶抽出，从而实现了建筑物自然与机械相结合的通风形式。

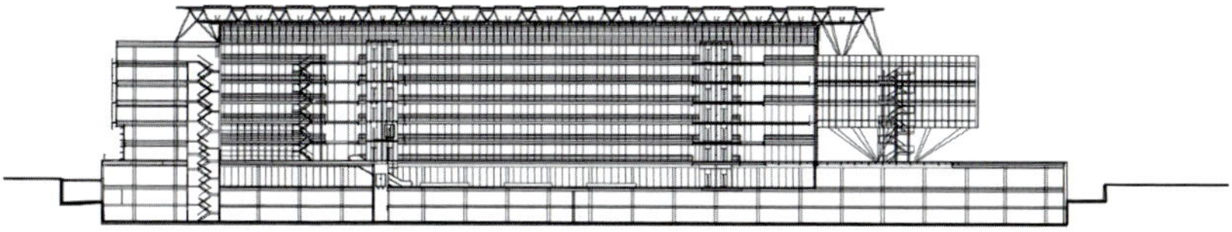

纵向剖面图

位置图

0 10 20

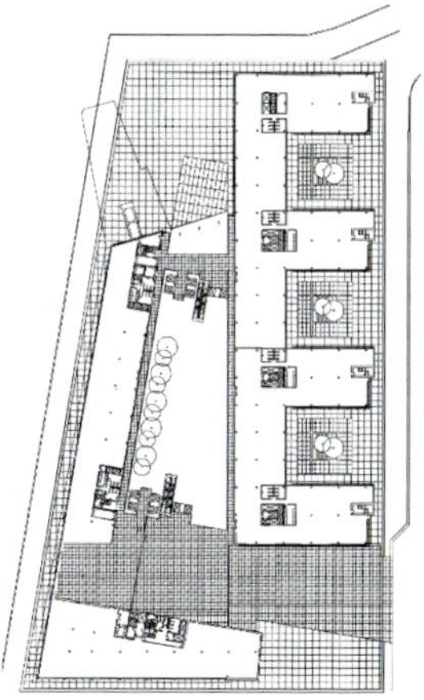

平面图

0 5 10

US Airways International Terminal, Philadelphia International Airport

费城国际机场美国航空公司国际候机楼

美国航空公司1号国际候机楼是费城国际机场系统分期扩建的一部分，包括一个4层的候机楼和13个新的国际登机口。这座新建筑位于跑道的西侧，与现有的6个候机楼连接在一起。

KPF在北侧设置了一条便道，将1号候机楼的主体在车道的上方延伸了27.4米，以容纳对计划空间的复杂需求。在近处，一条悬在进出通道上空11.6米处的巨大横梁界定了这个候机楼。所有的抵达设施，包括行李提取、装有天窗的抵达大厅和联邦检查服务（FIS）都分布在这一层，而离境大堂则位于下一层。这种安排倒转了传统的抵达和离境的区域顺序，体现出此候机楼作为一个国际入口的基本概念。传统的机场设施提供有日照的离境区域，却忽视了抵达的旅客；而在1号候机楼，抵达区域在建筑设计上也同样得到了重视。

横梁的底部空间被用作带有遮护的离境旅客的下车地点。当这些旅客进入大楼后，他们就会来到一个2层高的购票大厅。大厅向上开敞，连通了抵达区域，阳光可以由此渗透下来，把这两个空间统一起来。三种类型的顶部覆盖界定并组合了候机楼的内部空间。较低的、单面倾斜的屋顶向南面的飞机场倾斜，而较高的屋顶则拥有一个精细的、向上的弧形，朝向大楼的中心。13个登机休息室沿着南面和西面的墙分布在较低的房间区。在登机口和玻璃隔板之间，相互平行的安全走廊俯视着购票大厅。在设计方法上，如何体现出开放的中央大厅、封闭的保安区和亲切的登机休息室之间的区别是至为关键的。

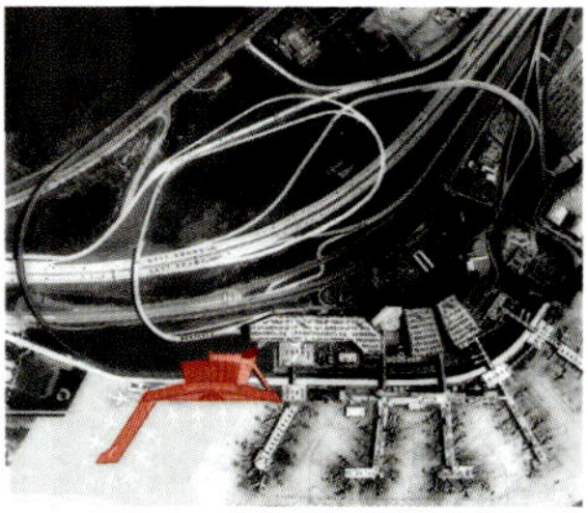

位置：美国，宾夕法尼亚州，费城
建造时间：1997-2002年
业主：美国航空公司
摄影：KPF
效果图绘制：AMD、迪博克斯
总面积：750000平方英尺

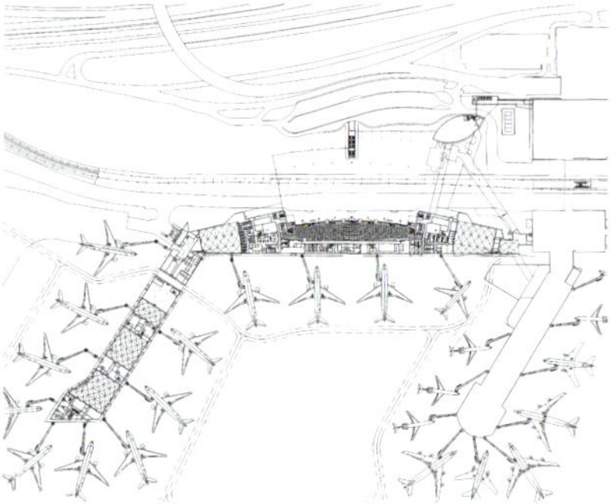

一层平面图

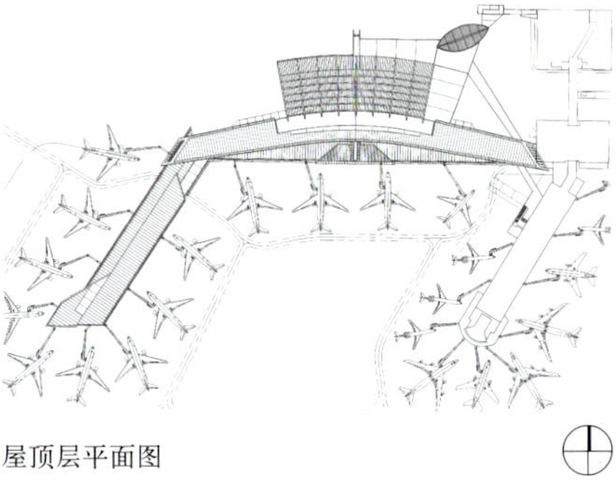

屋顶层平面图

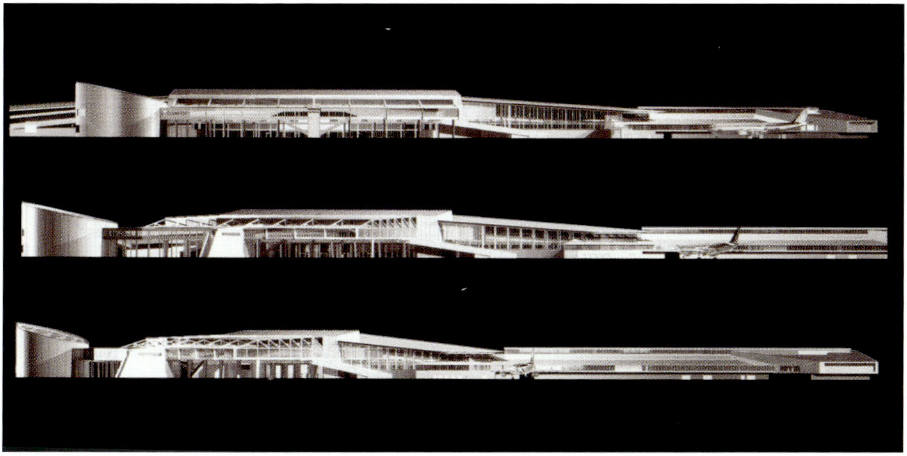

建筑物不同部分的模型和电脑模拟可以制造出未来机场的准确视图。在完成项目之前，人们可以通过研究这些视图来进行多方面的细节调整和修改。

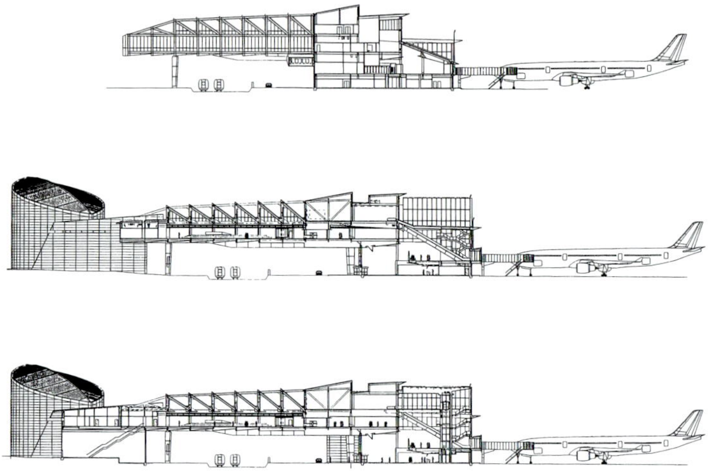

剖面图

US AIRWAYS
US AIRWAYS

纽约杰茨运动场

位置：美国，纽约州，纽约
业主：纽约杰茨
摄影：乔克·波特尔、KPF
总面积：2600000平方英尺

这座拥有75000个席位的露天运动场，被提议修建在曼哈顿西面的第30街和第34街之间的基地上。作为哈得孙河滨水地区重建计划的焦点，这个纽约杰茨橄榄队的新家将被安置在现有铁路调车厂上方的平台上。它包括一个大型公共广场和一个沿第34街修建的灵活的多功能会议厅。

运动场每季将主办10场美国橄榄联赛，同时也将为邻近的雅各布·雅维兹中心（Jacob Javits Center）提供额外的会议设施。此外，它为纽约市申办2012年奥运会上也将发挥举足轻重的作用。

该设计的关键在于如何与周围的环境融为一体。纽约杰茨运动场与帝国大厦在同一轴线上，将切尔西（Chelsea）、赫尔斯厨房（Hell's Kitchen）与哈得孙河统一起来，其不但融入了城市肌理，而且延展了它。运动场综合建筑暗示出一个"内陆码头"的概念，从而使设计与城市的航海历史联系起来。设计也保留并延长了"高线站"（the Highline），一个高架双轨货运火车月台。这个被遗弃的月台，在20世纪30年代曾被作为"西面改造计划"的一部分，如今迎来了一个难得的历史性机会，它将创造出一条名为"楔形林地"的架高绿化带，与运动场的绿化计划连接起来。

杰茨运动场的设计与传统的北美运动设施有着重大的区别，因为它促进了一种对环境前所未有的关注。超过100000平方英尺的太阳电池板、36台风力涡轮机以及雨水收集和废水处理，使运动场在生产能源方面既满足了自身的需要，又为周围的区域做出了贡献。

NY

运动场大部分的立面上安装太阳能电池板，这使它成为了第一座能源自足的运动设施。

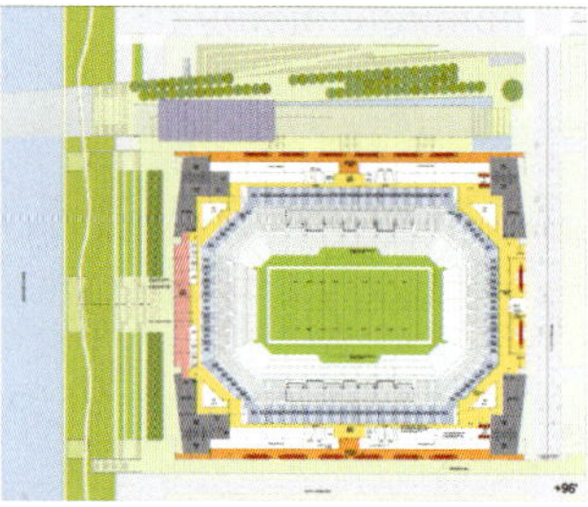

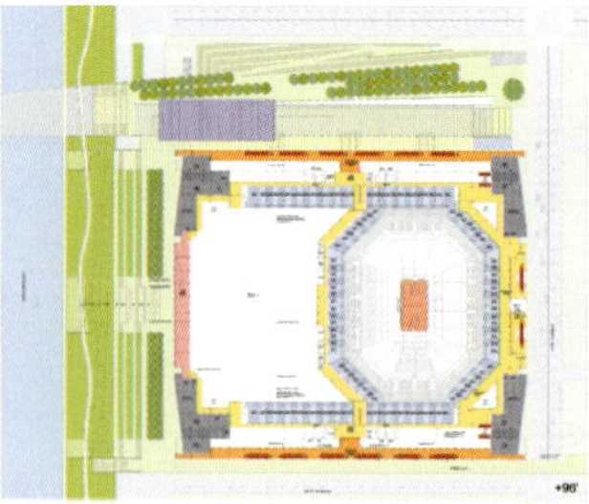

平面图

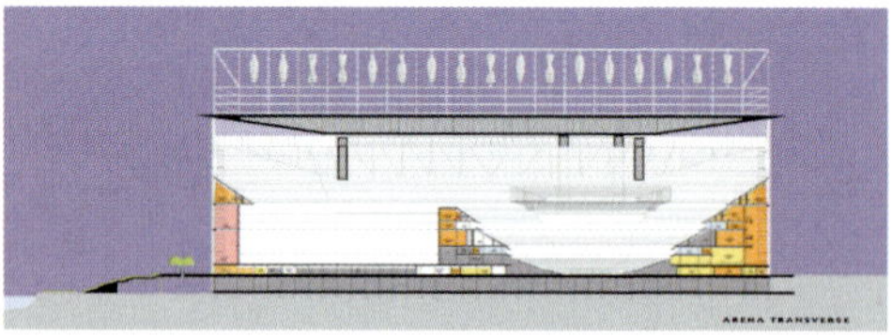

剖面图

0 15 30

SOLAR PHOTO-VOLTAIC (ELECTRICITY)

SOLAR THERMAL TUBES (HEAT ENERGY)
37,170 SF

WIND (ELECTRICITY)

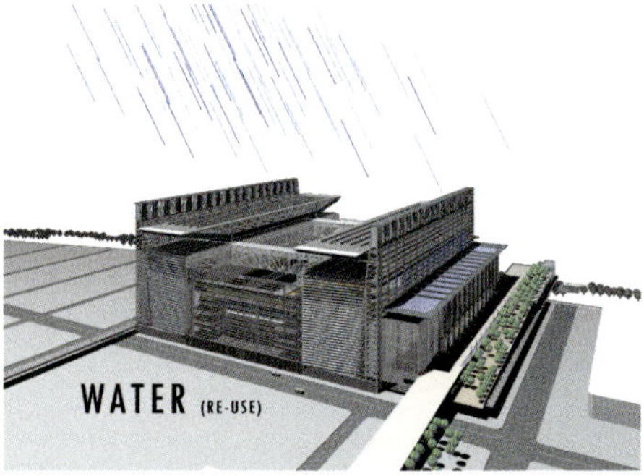
WATER (RE-USE)

NY

世界贸易中心遗址设计方案

位置：美国，纽约州，下曼哈顿（Lower Manhattan）

设计时间：2002 年

正文：威廉·佩德森、FAIA、FAAR

每当走过纽约市任何一座伟大的桥梁时，尤其是布鲁克林大桥，人们禁不住会感到漂浮于地面之上却置身于周围摩天楼顶之下的那股力量和潜在的灵性。在曼哈顿的南端前往自由女神像的渡轮码头上，我们在设计方案中创造出一条仿如从水里冒升起来的“升天纪念通道”，以唤起人们的这种体验。在西街之上，这条通道以1∶12的倾斜度向上攀升（为了方便伤残人士），绕过世界贸易中心遗址，顶点止于一座2001英尺高的标志性摩天大厦。周围的城市街道有的穿过这片遗址，也有的可以望见它的全貌。我们把通过这种表达手法所获得的发展地段，按合适的规模和比例在遗址的主体部分设置办公空间，或在西街沿线安排居住区域。

在世界贸易中心遗址上，一道螺旋形围墙不仅界定了墙内外的都市空间，而且造就了大量不同的城市生活区域。在这条螺线所形成的最重要的空间里，水池正幻化成原双子塔的纪念性脚印。当人们升至大厦楼顶之时，这片空间便被激活了。

“9·11”的政治性涉及到世界能源资源问题。我们的建筑解决方案也考虑到运用一些组件来产生可再生的能源。我们的设想是在大厦的设计上安装风力涡轮机和太阳能电池板，而“升天纪念通道”将创造出一条以水过滤和以阳光来清洁的伟大路径。

我们深信，世界贸易中心遗址设计方案必须是一个强有力的象征性姿势，但同时，它也应该具有多样性和开放性。在本质上，我们视这个方案为一个分区图，在它的范围内可以组织多方面的参与。既然这种纪念思想和现实已经被融入了它所力求表达的每一个方面，那么，通过多方面的参与使它在没有模糊中心思想的基础上得以进化的概念也必须如此。这种基本的中心思想就是一种把天与地、南与北、东与西联系起来的标志。

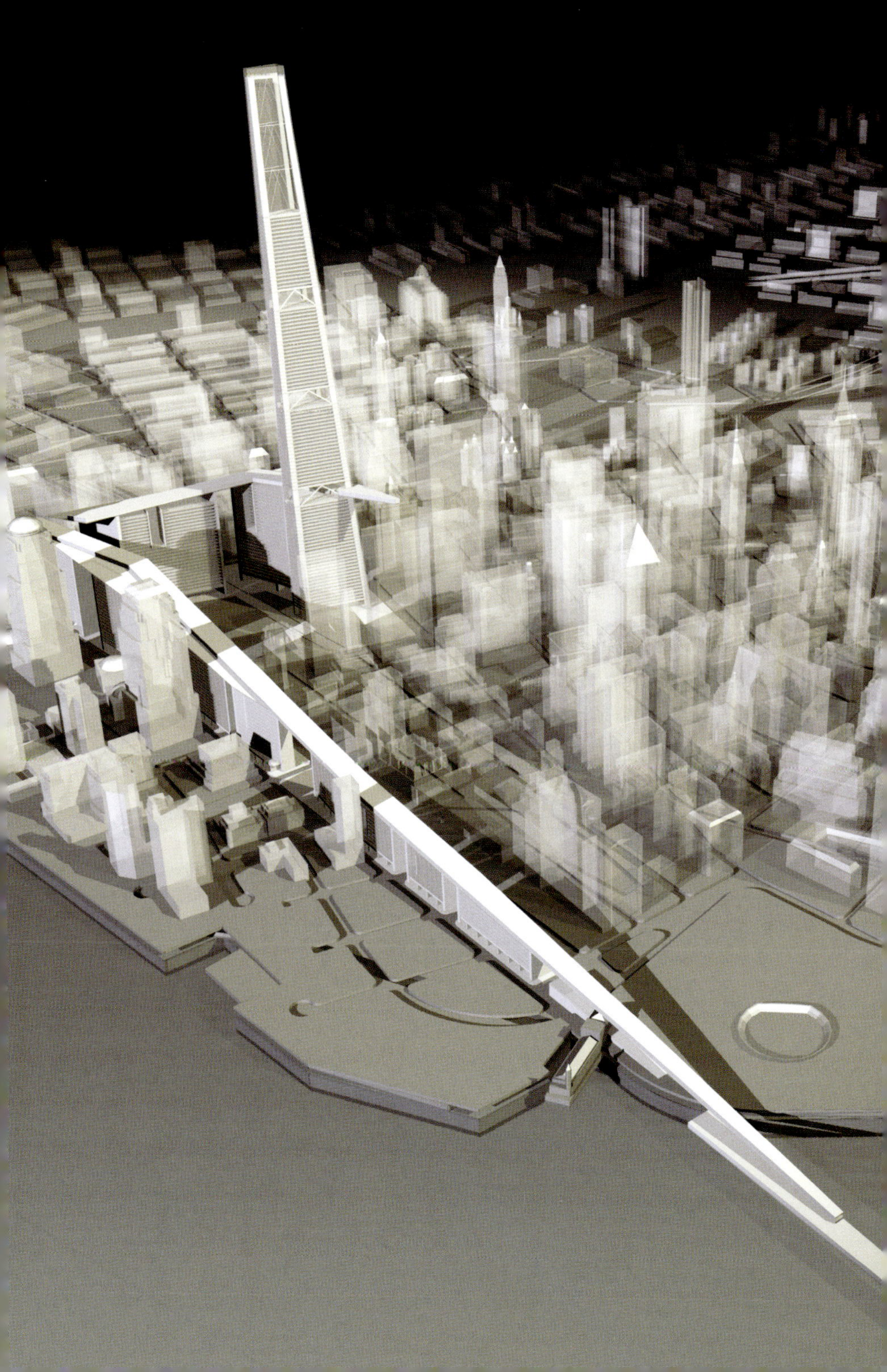

本书所介绍项目方位图

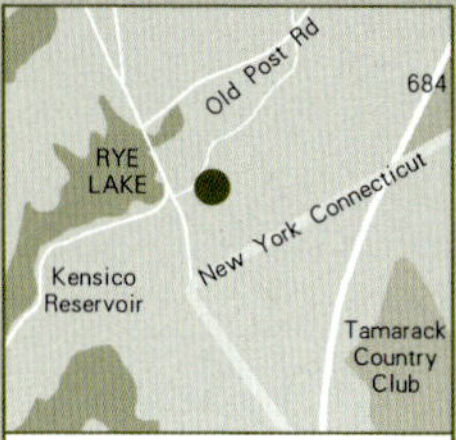

IBM 公司总部

美国，纽约州，阿芒克

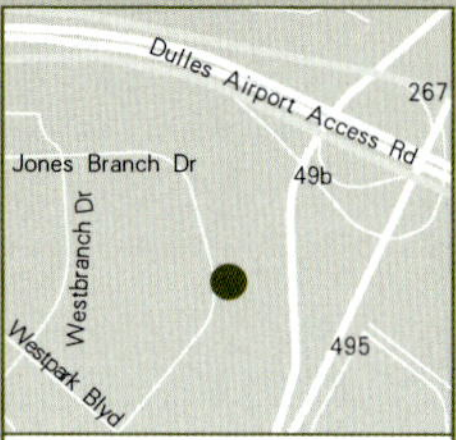

甘尼特公司 / 美国今天公司总部

美国，弗吉尼亚州，麦克莱恩

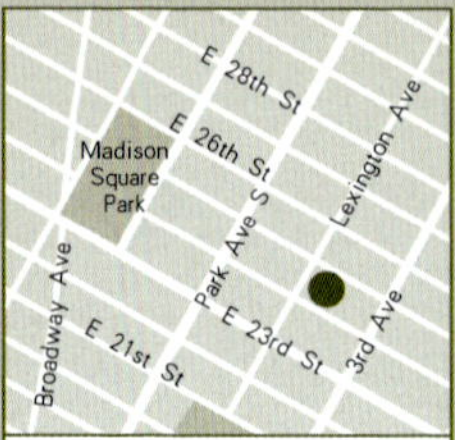

巴鲁克学院综合建筑

美国，纽约州，纽约

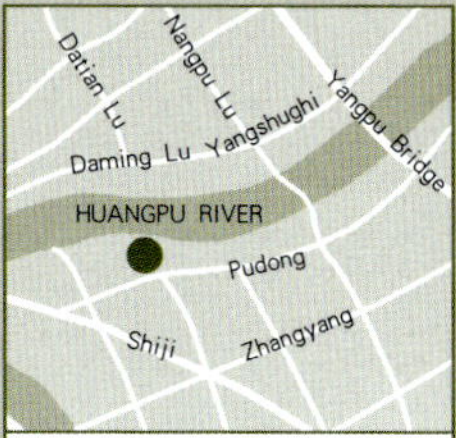

上海环球金融中心

中国，上海

九龙车站大厦

中国，香港

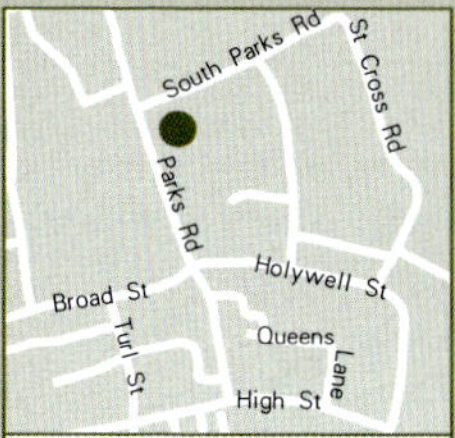

罗瑟米尔美国研究所

英国，英格兰，牛津

荷兰南荷兰省政府办公大楼

荷兰，海牙

阿姆斯特丹世界贸易中心的修缮与扩充

荷兰，阿姆斯特丹

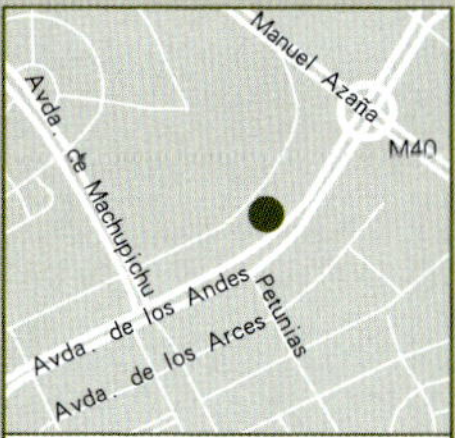

恩迪萨公司总部

西班牙，马德里

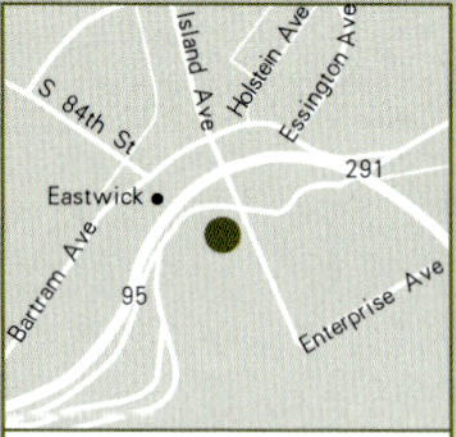

费城国际机场美国航空公司国际候机楼

美国，宾夕法尼亚州，费城

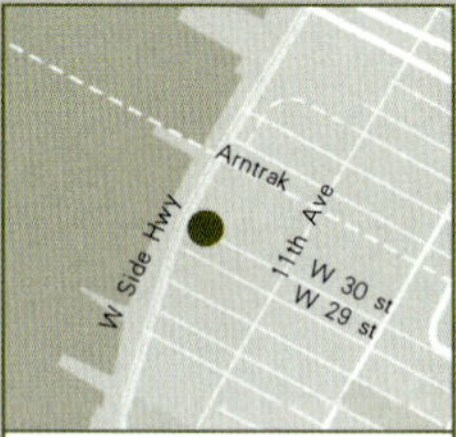

纽约杰茨运动场

美国，纽约州，纽约

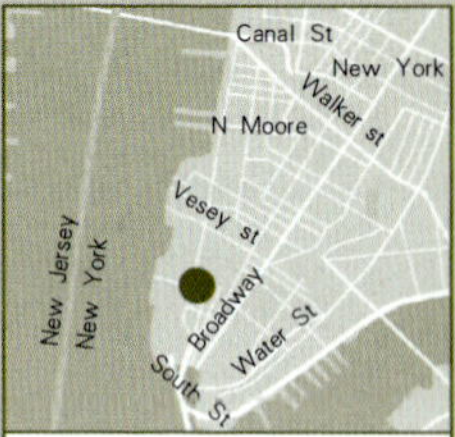

世界贸易中心遗址设计方案

美国，纽约州，下曼哈顿

作品年表

1980 年　AT&T 长线东部总部　美国，弗吉尼亚州，奥克通（Oakton）

1981 年　ABC 电视演播室

1983 年　瓦克尔车道 333 号　美国，伊利诺伊州，芝加哥

1985 年　宝洁公司世界总部　美国，俄亥俄州，辛辛那提

1992 年　雷内 - 莱沃克林荫大道 1250 号　加拿大，魁北克，蒙特利尔

1992 年　戈德曼萨克斯欧洲总部　英国，伦敦

1993 年　韦斯滕斯特拉贝 1 号 DG 银行总部　德国，法兰克福

1995 年　第一夏威夷中心　美国，夏威夷，檀香山

1996 年　世界银行总部　美国，哥伦比亚，华盛顿

1997 年　布法罗尼亚加拉（Buffalo Niagara）国际机场　美国，纽约州，布法罗

1997 年　马克 · 奥 · 哈特菲尔德（Mark O. Hatfield）美国法院　美国，俄勒冈州，波特兰

1997 年　IBM 世界总部　美国，纽约州，阿芒克

1998 年　三星广场罗丹厅　韩国，汉城

1998 年　泰晤士法院　英国，伦敦

2000 年　JR 中心大厦 + 车站　日本，名古屋

2001 年　布鲁奇学院（Baruch College）新综合教学楼　美国，纽约州，纽约

2001 年　甘尼特公司 / 美国今天公司总部　美国，弗吉尼亚州，麦克莱恩

2001 年　罗瑟米尔美国研究院　英国，牛津

2002 年　阿姆斯特丹世界贸易中心的修缮与扩充　荷兰，阿姆斯特丹

2002 年　第七大道 745 号　美国，纽约州，纽约

2003 年　恩德萨总部　西班牙，马德里